Алексей Славгородский

Гербарий без бумаги

Краткое руководство по сбору, сушке и хранению
гербарных образцов между листов спанбонда

LAP LAMBERT Academic Publishing

Impressum / **Выходные данные**

Bibliografische Information der Deutschen Nationalbibliothek: Die Deutsche Nationalbibliothek verzeichnet diese Publikation in der Deutschen Nationalbibliografie; detaillierte bibliografische Daten sind im Internet über http://dnb.d-nb.de abrufbar.

Alle in diesem Buch genannten Marken und Produktnamen unterliegen warenzeichen-, marken- oder patentrechtlichem Schutz bzw. sind Warenzeichen oder eingetragene Warenzeichen der jeweiligen Inhaber. Die Wiedergabe von Marken, Produktnamen, Gebrauchsnamen, Handelsnamen, Warenbezeichnungen u.s.w. in diesem Werk berechtigt auch ohne besondere Kennzeichnung nicht zu der Annahme, dass solche Namen im Sinne der Warenzeichen- und Markenschutzgesetzgebung als frei zu betrachten wären und daher von jedermann benutzt werden dürften.

Библиографическая информация, изданная Немецкой Национальной Библиотекой. Немецкая Национальная Библиотека включает данную публикацию в Немецкий Книжный Каталог; с подробными библиографическими данными можно ознакомиться в Интернете по адресу http://dnb.d-nb.de.

Любые названия марок и брендов, упомянутые в этой книге, принадлежат торговой марке, бренду или запатентованы и являются брендами соответствующих правообладателей. Использование названий брендов, названий товаров, торговых марок, описаний товаров, общих имён, и т.д. даже без точного упоминания в этой работе не является основанием того, что данные названия можно считать незарегистрированными под каким-либо брендом и не защищены законом о брендах и их можно использовать всем без ограничений.

Coverbild / Изображение на обложке предоставлено: www.ingimage.com

Verlag / Издатель:
LAP LAMBERT Academic Publishing
ist ein Imprint der / является торговой маркой
OmniScriptum GmbH & Co. KG
Heinrich-Böcking-Str. 6-8, 66121 Saarbrücken, Deutschland / Германия
Email / электронная почта: info@lap-publishing.com

Herstellung: siehe letzte Seite /
Напечатано: см. последнюю страницу
ISBN: 978-3-659-64585-3

Copyright / АВТОРСКОЕ ПРАВО © 2014 OmniScriptum GmbH & Co. KG
Alle Rechte vorbehalten. / Все права защищены. Saarbrücken 2014

ОГЛАВЛЕНИЕ

ВВЕДЕНИЕ

О гербарном деле издано много руководств. На русском языке основные сведения о гербариях и гербаризации изложены в книге А.К. Скворцова «Гербарий. Пособие по методике и технике» (1977) и справочнике Кью «Гербарное дело: Справочное руководство» (1995). В этих изданиях подробно описаны основы гербарного дела, техника и методика создания гербарных коллекций. Кроме того по этой теме существует множество статей, других специальных изданий (например, Павлов, Барсукова, 1976; Лисицына, 2006; Щербаков, Майоров, 2006).

Предлагаемое читателю руководство является дополнительным к уже существующим изданиям. В нем рассказывается о технологии сушки и хранения гербария между листов спанбонда, которая не вошла в «The Herbarium Handbook» издаваемый Кью. В России она известна с 2007 года (Славгородский, 2007, 2008). Изобретение запатентовано: Патент № 71212 Российской Федерации, приоритет № 2007137443 от 09.10.2007.

Нетканые полимерные материалы группы «спанбонд» позволяют создать технологии способные полностью вытеснить бумагу и другие впитывающие влагу материалы из процесса сушки растений для гербария (Славгородский, 2010, 2013).

Новый способ сушки растений для гербария заключается в создании вокруг образца в гербарном прессе, с помощью листов спанбонда, тонкой воздушной прослойки. Благодаря свободному доступу воздуха образец растения быстро высыхает, приобретая плоскую форму (рис.1).

Растения сушат в гербарном прессе, вместо общепринятых газет применяя рубашки из термоскрепленного спанбонда чёрного цвета со светостабилизирующими добавками плотностью от 60 г/м^2 до 150 г/м^2. Впитывающие влагу прокладки не нужны! Перекладывать рубашки не нужно!

2

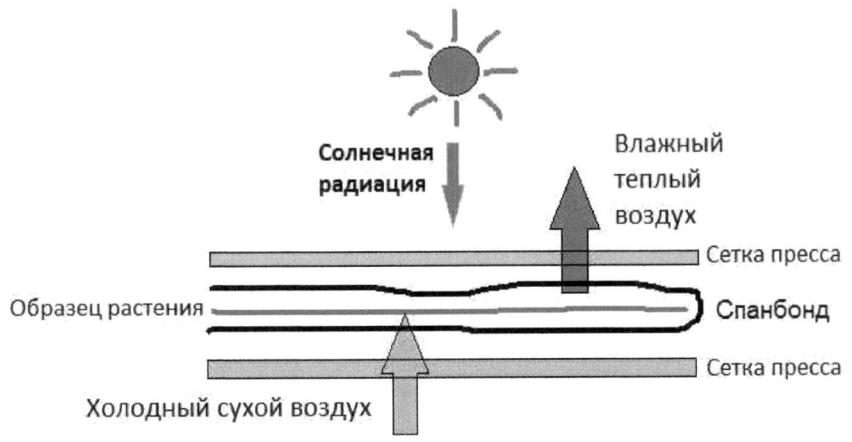

Рис. 1. Схема сушки образца растения в гербарном прессе.

Растение один раз закладывается в гербарный пресс в рубашку из спанбонда, стягивается синтетическими ремнями с силовыми затяжками фастекс (англ. *fastex*) и выставляется на яркое солнце, где остаётся до полного высыхания. Если солнца нет, можно сушить и в тени. Сушка идет по принципу «заложил и забыл». В один гербарный пресс можно закладывать до 50 рубашек с образцами. Рубашки из спанбонда чёрного цвета на солнце нагреваются, что ускоряет сушку образцов. В особо сложных условиях сушки внутри гербарного пресса можно вложить термопластину (например, грелку для тела «самогревы» http://samogrev.ru/ или более дорогую пластину: электронную или химическую). В обычном прессе с бумагой термопластина эффекта не дает, потому что влага не испаряется, а собирается в прокладки. Сушку с термопластиной можно использовать, только если рубашки из спанбонда.

Водные растения всегда сохнут быстрее сухопутных, так как легче отдают влагу. Нежные части растений не прилипают к спанбонду. По завершении сушки сохраняется естественный цвет растений. В 2009 – 2011 годах устройство сушки растений для гербария (универсальный гербарный пресс – УГП) испытывалось во время полевых работ в Средней России, на северном Урале, в

Северной Африке и Франции. Везде оно зарекомендовало себя с наилучшей стороны.

Для хранения гербарных образцов также подходит спанбонд. Он долговечнее и дешевле бумаги, не крошится, не впитывает влагу из окружающего воздуха, не страдает от солнца (материал со светостабилизирующими добавками), его не повреждают насекомые. В качестве видовых и родовых обложек можно использовать спанбонд чёрного цвета плотностью от 60 г/м^2 до 100 г/м^2. А в качестве подложки для монтировки образца следует использовать спанбонд плотностью от 150 г/м^2. Образец можно крепить, пришивая синтетическими нитками, сшивая скобами степлера, прикрепляя полосками клейкой ленты, используя застежку-липучку или оставлять не прикреплённым. Возможно и использование клея, не разрушающегося в результате длительного хранения.

Применение подложек, рубашек и папок для хранения гербария изготовленных из спанбонда (Славгородский, 2010), позволяет полностью отказаться от дерева (шкафы) и бумаги в гербарных хранилищах. Это позволит избавиться от большой группы вредителей, что особенно актуально для тропических гербариев. Такой способ хранения предполагает открытое хранение папок на металлических стеллажах.

1. МАТЕРИАЛЫ

1.1. Спанбонд

С начала XXI века широкое распространение в быту, промышленности и сельском хозяйстве получили нетканые полимерные материалы. **Спанбонд** (англ. *spunbond*) — технология производства нетканого материала из расплава полимера фильерным способом. Термином «спанбонд» обозначают также материал, произведенный по технологии «спанбонд». Сущность фильерного способа заключается в следующем: расплав полимера выделяется через фильеры в виде тонких непрерывных нитей, которые затем вытягиваются в воздушном потоке и, укладываясь на движущийся транспортер, образуют полотно. Нити на сформированном полотне впоследствии скрепляются. Скрепление нитей в холсте может осуществляться несколькими способами, однако для гербарного дела наиболее пригоден термоскрепленный материал (Рынок спанбонда…, 2006).

До начала 1990-х годов нетканый материал невозможно было применить для гербаризации растений, так как толщина волокон была слишком большой, из-за чего материал получался жестким и неравномерным. Революционную технологию *Reicofil* предложила *Reifenhäuser Group*, открывшая целый поток новых технологических решений со стороны производителей оборудования для выработки нетканых материалов. В результате современные технологии позволяют производить материал почти в 50 раз тоньше человеческого волоса, и с отличной равномерностью по всей ширине полотна. Термоскрепленый спанбонд – это, как правило, легкий материал (до 150 г/м^2), предназначенный для использования его во многих отраслях народного хозяйства (рис. 2). Состав материала: полипропилен 100 %. Термоскрепленый спанбонд плотностью порядка 80 – 150 г/м^2 успешно применяется и в качестве геотекстиля. В целом диапазон плотностей спанбонда варьирует от 15 г/м^2 до 600 г/м^2 (Рынок спанбонда…, 2006).

Рис. 2. Термоскрепленный спанбонд «агротекс 60».

Дешевизна получаемого материала способствует его широкому распространению во все отрасли хозяйства. В России материалы с торговыми названиями «геотекс», «агротекс», «агрил», «спанбонд» и др. намного дешевле бумаги, тканей и сукна. Полимерные нити, из которых состоит материал, обладают свойством отталкивать влагу, они не намокают. Через материал любой плотности свободно проходит воздух и пары воды. Для нужд сельского хозяйства выпускается материал чёрного цвета, содержащий светостабилизирующие добавки, не разрушающийся под воздействием солнечных лучей (Рынок спанбонда…, 2006).

В процессе эксплуатации, спанбонд может накапливать статическое электричество. При хранении сухих образцов растений в рубашках из спанбонда сухие тонкие части могут притягиваться (прилипать) к рубашке и монтировочному листу. Если такую рубашку резко открыть, то можно сломать плохо закрепленные части растения. Этого можно легко избежать, обрабатывая рубашки сверху и снизу (не открывая) антистатиком, распыляемым из баллончика. Следует избегать попадания распыляемого вещества на образцы. Так же можно обрабатывать папки для хранения образцов и поверхности, на которых они лежат.

1.2. Ремни, застежки

Гербарный пресс со спанбондом стягивается традиционными синтетическими ремнями с пластиковыми застежками типа фастекс (англ. *fastex*) (рис. 3).

Ремни должны быть узкими (шириной не более 25 или 30 мм), чтобы не мешали сушке. Длина должна быть 100 см. Застежки следует применять пластиковые. Они не ржавеют и обладают достаточной прочностью. При стягивании пресса не нужно прилагать значительных усилий, как это проделывают с прессом, в котором бумага. Спанбонд мягче и легче сминается. При стягивании пресса используют два ремня, расположенных поперек (рис. 5).

 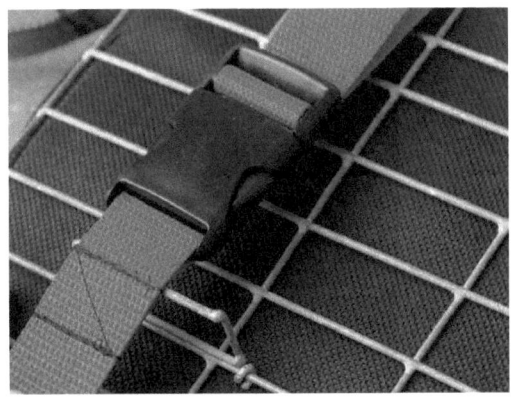

Рис. 3. Фастекс с ремнем 25 мм   Рис. 4. Фастекс с ремнем 30 мм шириной.
шириной.

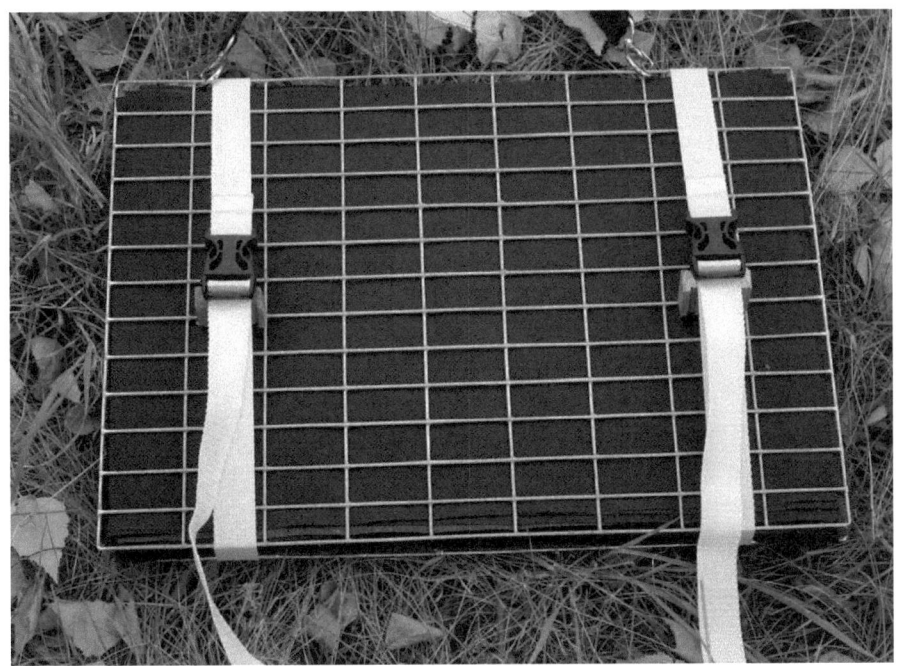

Рис. 5. Два ремня шириной 25 мм.

1.3. Этикетки, стикеры

При сушке растений в гербарном прессе с рубашками из спанбонда даже маленький клочок бумаги – этикетка может препятствовать сушке. Особенно это сказывается при пасмурной и дождливой погоде. В месте, где лежит бумажная этикетка растения плохо сохнут, теряют свой цвет, загнивают. Чтобы этого не происходило, в гербарный пресс вкладывают маленький пластиковый стикер (рис. 6, указан стрелкой), на котором пишут только номер, а все данные об образце вписывают в полевой дневник.

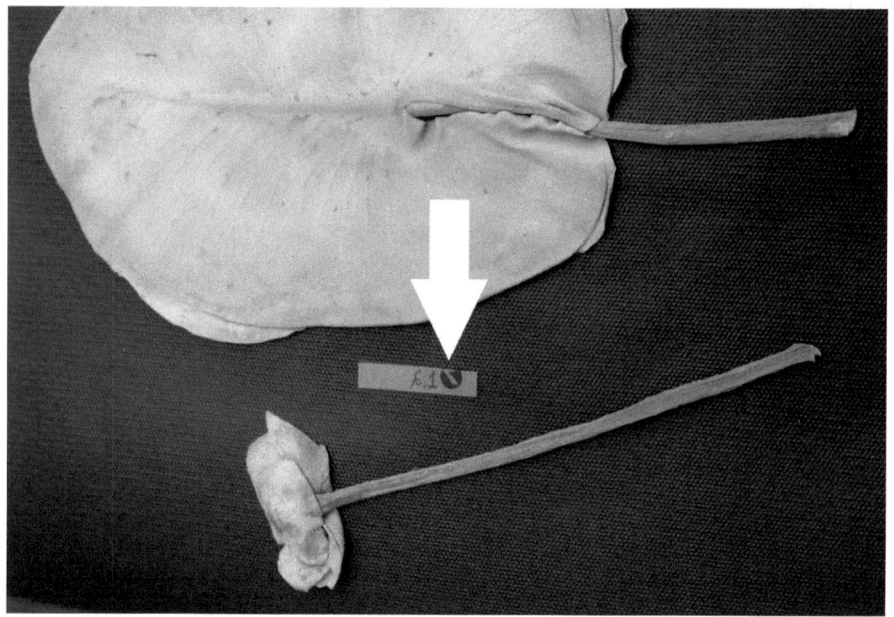

Рис. 6. Стикер.

Стикер следует использовать с клеевым участком, чтобы он приклеивался и не выпал при высушивании. В ряде случаев, когда сбор и сушка производятся в сухую жаркую погоду, возможно использование обычных бумажных этикеток (рис.7). При хранении гербарного листа следует использовать обычные бумажные этикетки (рис. 8). Возможно, в будущем, найдется другой, более удобный способ для хранения информации об образце.

Рис. 7. Часть гербарного листа с полевой бумажной этикеткой.

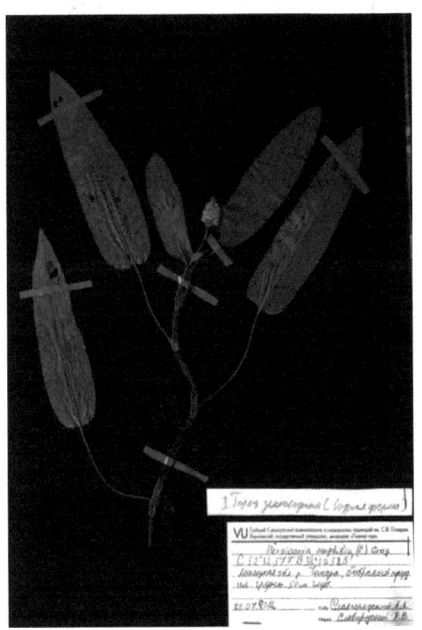

Рис. 8. Монтированный образец с бумажной этикеткой.

1.4. Рубашки (обложки из спанбонда)

Рубашки (обложки) используются для укладки образцов для сушки в прессах и для вкладывания немонтированных образцов.

Они изготавливаются из спанбонда черного цвета со светостабилизирующими добавками плотностью $60 - 150$ г/м^2 (рис. 9).

Для сушки мягких и нежных растений, следует использовать спанбонд плотностью $60 - 80$ г/м^2, более жесткие растения следует закладывать в более плотный материал. Колючие, жесткие растения, ветки деревьев, крупные жесткие плоды, следует закладывать в спанбонд плотностью 150 г/м^2.

Для хранения образцов растений следует использовать рубашки из спанбонда плотностью $60 - 80$ г/м^2.

1.5. Монтировочные листы

Монтировочные листы служат основой для крепления образца, этикетки, пакетиков. Они изготавливаются из спанбонда черного цвета со светостабилизирующими добавками плотностью 150 г/м^2 (рис. 9).

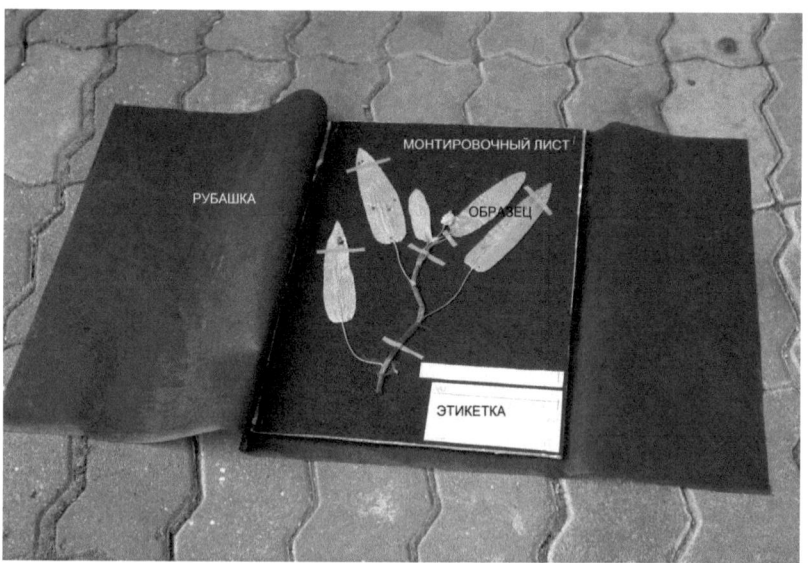

Рис. 9. Рубашка (обложка из спанбонда) и монтировочный лист.

Небольшие кусочки спанбонда низкой плотности черного цвета (60 г/м^2) со светостабилизирующими добавками используются для создания прокладок, защитных полосок и «окошек» над нежными частями образца (рис. 10).

Рис. 10. Лист с кусочком спанбонда.

1.6.   Папки для хранения гербарных листов

Для сохранения в течение длительного времени гербарных листов от воздействий окружающей среды их вкладывают в папки (рис. 11). Изготавливаются они также из спанбонда черного цвета со светостабилизирующими добавками плотностью около 100 г/м^2. Материал более низкой плотности применять не следует, так как папка быстро теряет форму, из нее труднее доставать гербар-

11

ные листы. Вариантов изготовления папок может быть много. Важно, чтобы к сохраняемым образцам не проникал свет, и было удобно доставать и вкладывать образцы.

Рис. 11. Один из вариантов папки для хранения гербарных листов.

1.7. Пакеты

Дополнительно к плоскому гербарному листу, используя спанбонд, легко засушить и доставить в лабораторию сочные, объемные плоды и другие, трудно сминаемые и объемные части растений. Для этого плоды или любые другие объемные части следует положить в пакет, изготовленный из черного спанбонда со светостабилизирующими добавками плотностью от 60 до 100 г/м^2 (рис. 2). Кроме того, в пакет необходимо вложить стикер с номером или, если позволяет погода, – бумажную этикетку. Пакеты для плодов могут быть разного размера. Размеры должны соответствовать материалу, который планируется собирать. Вполне разумно изготавливать пакеты для плодов размерами соответствующими европейскому стандарту бумаги ISO 216: A8, A7, A6, A5, A4, A3, A2, A0.

Пакет для плодов может иметь застежку «молния», плотно закрываться, исключая попадание большей части насекомых, пыли и спор грибов на образец, при этом спанбонд свободно пропускает пары влаги и воздух. В этом пакете, помещенном на солнце, на свежий воздух, образец высыхает. Много таких пакетов лучше всего хранить в сумке, изготовленной из спанбонда или любой сетки. Это необходимо для того, чтобы к образцам всегда был свободный доступ воздуха.

В маленькие пакетики изготовленные из спанбонда со светостабилизирующими добавками плотностью 60 г/м^2, так же как и в бумажном гербарии, складывают отломившиеся фрагменты органов, семена и другие органы необходимые для идентификации образца. Размер и способ изготовления их тот же, что и из бумаги, но каждый сгиб при изготовлении необходимо прогладить горячим утюгом. Крепится такой пакетик к гербарному листу полосками клейкой ленты на каучуковой основе.

В пакеты формата чуть больше гербарного листа изготовленные из черного спанбонда со светостабилизирующими добавками плотностью 60 г/м^2 следует помещать старые, особо ценные или хрупкие бумажные гербарные листы для последующего хранения.

1.8. Клеящие вещества для монтировки

В некоторых гербариях образцы растений и этикетки не монтируют, а оставляют не прикрепленными. Если необходимо закрепить этикетку и образец на листе спанбонда, то следует применять клей на каучуковой основе. Очень удобно использовать полоски клейкой ленты (например, французской компании C.E.E.FSCOTT GROUP, монтажная армированная лента KLEO^{tm}PRO, рис. 12). Клейкую ленту необходимо нарезать ножницами на узкие полоски 2 – 4 мм шириной и ними крепить образец растения к листу спанбонда (рис.13, 14).

Рис. 12. Каучуковая монтажная армированная лента.

Рис. 13. Крепление образца полосками каучуковой ленты.

14

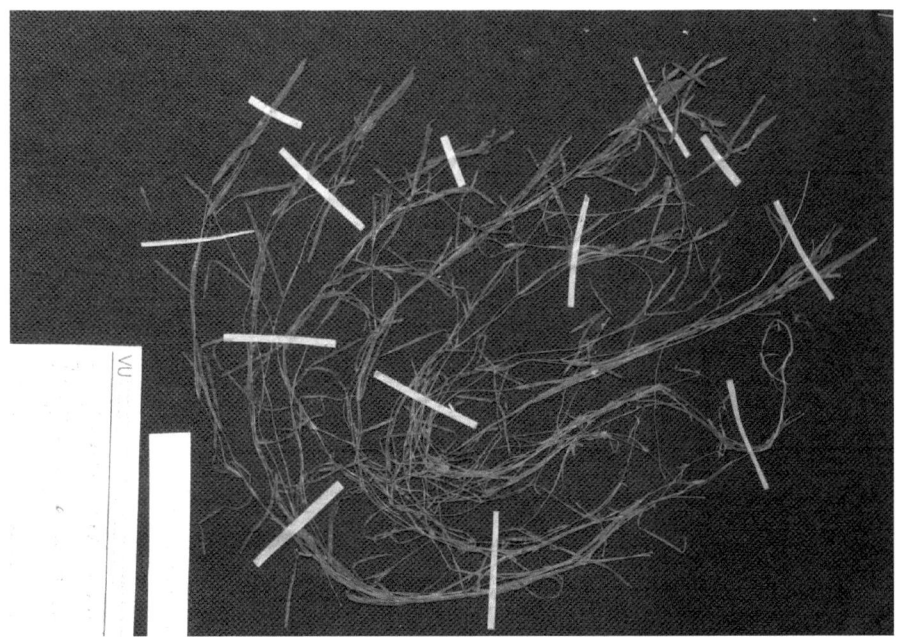

Рис. 14. Образец, монтированный полосками каучуковой ленты.

2. УНИВЕРСАЛЬНЫЙ ГЕРБАРНЫЙ ПРЕСС

Для сушки растений между листов спанбонда используется универсальный гербарный пресс (УГП) (рис.15 – 25). Он много легче пресса с бумагой. Вес УГП составляет всего один килограмм, а «грибной» УГП весит 500 грамм.

Он позволяет высушивать растения в любых условиях (как в поле, так и в лаборатории) без потери цвета и качества.

Для сушки семенных растений, птеридофитов (папоротники и родственные им таксоны) и макроводорослей применяют УГП обычного размера: 31 × 43 см (9 × 13 ячеек). Ячейки не одинаковые (из-за погрешностей при изготовлении сетки) поэтому возможно варьирование размеров. Для сушки мохообразных, грибов и лихинизированных грибов (лишайников) можно применять УГП меньшего размера: 15 × 23 см (грибной УГП, фотмат А4 – ISO 216) (рис. 16, 17).

15

Рис. 15. УГП с деревянными брусочками и ремнем 25 мм шириной.

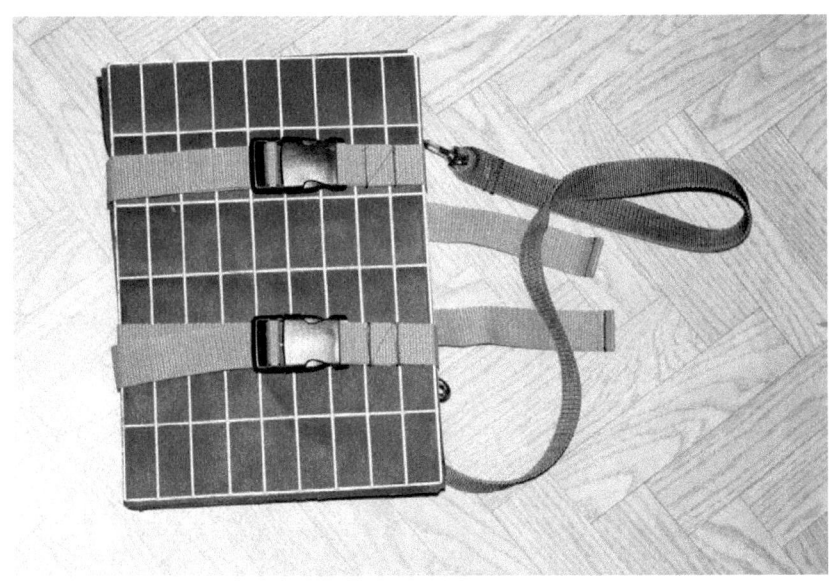

Рис. 16. Грибной УГП (формат А4).

Рис. 17. УГП формата А3 и А4.

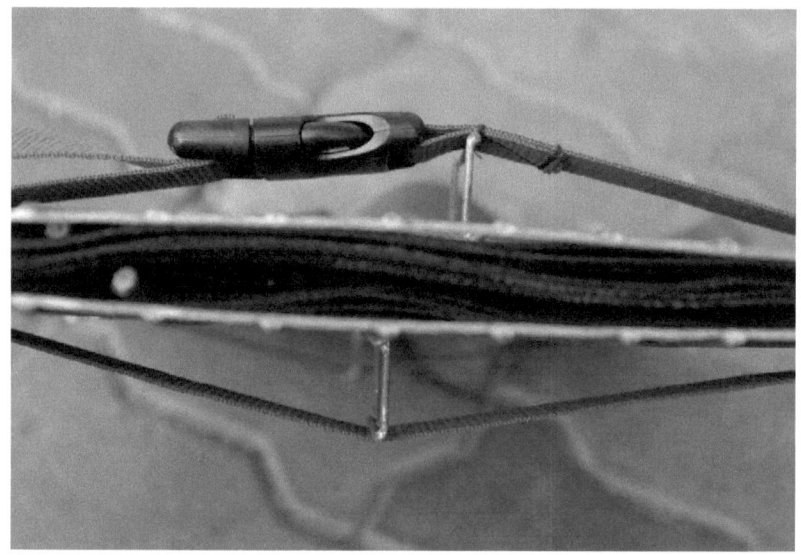

Рис. 18. УГП с подвижными, поднимающимися рамками.

Рис. 19. УГП с деревянными брусочками.

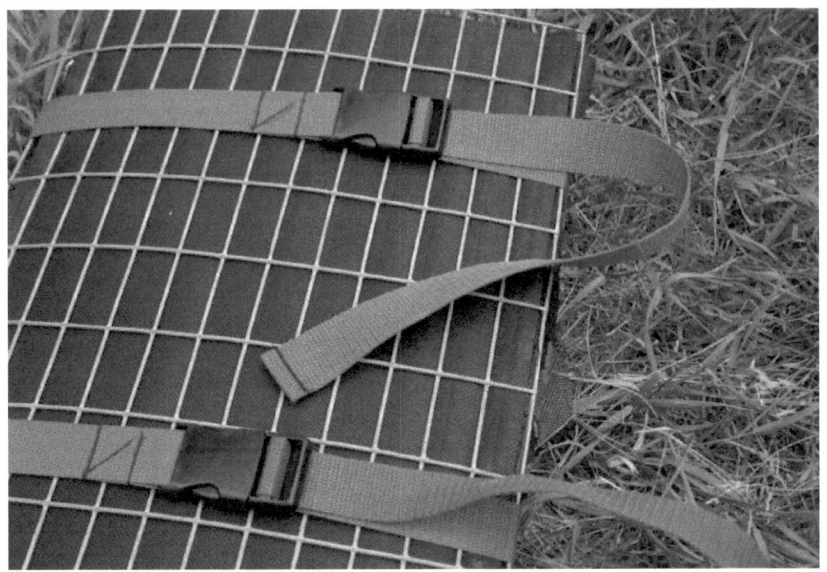

Рис. 20. УГП с ремнем 30 мм шириной.

Рис. 21. Использование УГП в полевых условиях.

Порядок работы с УГП в полевых условиях традиционный (рис. 22 – 25).

Рис. 22. Кладем УГП на подходящее место, расстегиваем ремни.

Рис. 23. Снимаем верхнюю сетку.

Рис. 24. Закладываем образец растения, пишем этикетку, вкладываем стикер.

Рис. 25. Застегиваем и затягиваем ремни пресса и помещаем его для просушки в проветриваемое место.

Для сушки используют листы термоскрепленного спанбонда черного цвета (со светостабилизирующими добавками) плотностью 60, 80, 100, 120, 150 г/м^2.

Общий принцип: чем жестче растение, тем более высокой плотности материал необходимо применять.

В один пресс нельзя закладывать объемные сухопутные жесткие и мягкие водные растения, поскольку последние неизбежно будут повреждены.

Состав УГП:

1.   Две оцинкованные сварные металлические сетки размером 310 × 430 мм. Диаметр проволоки 2,5 мм. Размер ячейки: 48 × 24 мм.

Возможен вариант, когда на каждой сетке подвижно закреплены две поднимающихся рамки размером 48 × 24 мм. Диаметр проволоки 2,5 мм (рис. 18).

2.   Два синтетических ремня длиной 100 см, шириной 2,5 см яркой (желтой, красной) расцветки (чтобы легче было искать в траве) с силовыми затяжками «фастекс».

3.   Комплект из 20 – 30 рубашек размером 420 × 594 мм (А2, ISO 216) изготовленных из черного термоскрепленного спанбонда со светостабилизирующими добавками плотностью 60 – 150 г/м^2. Для большинства растений подходит материал плотностью 100 г/м^2.

4.   Наплечный ремень длиной 100 см, шириной 2,5 см с двумя металлическими хромированными карабинами для крепления к сетке.

При использовании УГП необходимо помнить, что:

1.   Он предназначен для сушки образцов растений в лаборатории и полевых условиях.

2.   Нетканый полимерный материал «Геотекс 100», «Геотекс 120», «Геотекс 150», имеет две стороны. Изнаночную (глубокоячеистую) и лицевую (мелкоячеистую), более гладкую. Растения необходимо закладывать на лицевую сторону.

3. Один лист Геотекс 150 (более плотный) прокладывается под сетку пресса во избежание появления отпечатки сетки на образцах.

4. При гербаризации бумажную этикетку допустимо вкладывать только в том случае, если сбор образцов осуществляется в сухую солнечную погоду. Во всех остальных случаях в рубашку необходимо вкладывать пластиковый стикер (1×4 см) с клеевой стороной, на нем необходимо написать ручкой номер, а этикетку следует писать в полевом дневнике.

5. После закладки образцов растений–, УГП следует затянуть ремнями пресса. При этом сетка изгибается и пресс принимает изогнутую форму с наибольшей толщиной по центру.

6. Ремни пресса нельзя сильно затягивать, т. к. нетканый полимерный материал мягче бумаги и легче сминается.

7. Для лучшего (более ровного) нажима, после затяжки ремней пресса, по центру, под ремни, с обеих сторон, следует подставить 4 деревянные или пластиковые брусочки размером 2×3×4 см (рис. 19).

8. Сварная оцинкованная металлическая сетка в процессе эксплуатации гнется, и появляются участки с недостаточным нажимом. В случае необходимости можно выгнуть сетку в нужном направлении.

9. Плечевой ремень для переноски УГП лучше крепить карабином за вторую ячейку одной сетки. Возможно, крепить за длинную сторону (удобнее при ношении) или за короткую (удобнее при закладке растений).

3. СБОР И СУШКА ОБРАЗЦОВ

3.1. Особенности сбора и раскладки

Сбор материала с использованием УГП имеет свои особенности. Поскольку УГП легок, и его можно всегда носить с собой, то растения закладываются сразу, свежими, непосредственно в месте сбора. Птеридофиты (папоротники и родственные им таксоны) собираются и сушатся так же, как и семенные растения. Растения в УГП сушатся, и в них же доставляются в лабораторию.

Собранное растение помещают на одну сторону развернутой рубашки, расправляют, при необходимости части образца фиксируют полосками скотча. Пишут на пластиковом стикере номер, приклеивают его клеевой стороной к внутренней части рубашки. Рубашку закрывают. Этикетку записывают в блокнот, указывая соответствующий номер. Затем несколько подготовленных вышеописанным способом рубашек вкладывают в пресс. Между сеткой пресса и рубашкой с образцом необходимо проложить 2 – 3 пустые рубашки (или 1 лист с плотностью 150 г/м^2), чтобы на образцах не проявился отпечаток сетки. Стягивать ремнями сетки пресса необходимо не очень сильно (много слабее, чем пресс с бумагой), потому что нетканый полимерный материал мягче бумаги и легче сминается. После этого пресс готов к сушке.

Сушить собранный гербарий следует на открытом воздухе или в помещении. Можно сушить на ярком солнце. При любых условиях собранные растения быстро и хорошо высыхают.

Некоторые части растений при раскладке лучше закрепить полосками скотча. На сушку они не повлияют, но сохранят форму образца. Следует, осторожно относится к приклеиванию скотчем свежих, нежных частей, поскольку при высыхании они могут прилипнуть к клею и их невозможно будет снять не повредив. Чтобы предотвратить это, необходимо к клеевой стороне приклеить полоску нетканого полимерного материала, оставив только края для приклеивания. Как правило, нежные части хорошо ложатся, и их нет необходимости фиксировать, наоборот, жесткие стебли злаков в месте сгиба, листья осок, крупные жесткие плоды можно зафиксировать. Фиксировать можно двумя способами. 1. Приклеивая скотч к рубашке. 2. Склеивая скотч в колечко, и надевая его на согнутые части растения, препятствуя их распрямлению. Можно использовать любой скотч прозрачный или окрашенный на пластиковой основе, лучше тот, что предназначен для канцелярских нужд. Фиксация необходима лишь на время сушки, после чего скотч необходимо удалить.

Раскладка и монтировка образцов, а так же обращение с гербарными образцами подробно описаны во множестве руководств, по этому вопросу можно обратится к любому из них (например, Гербарное дело…, 1995). Обращаться с гербарием, смонтированным на листах спанбонда, следует так же как и с бумажным гербарием. При использовании спанбонда наиболее подходят два способа крепления: 1. Пришивание нитками (точно так же, как и к бумаге). 2. Приклеивание лентами. В качестве клеящего вещества следует применять клей (готовую к использованию ленту) на основе каучука (см. п. 1.8).

3.2.   Особенности сбора и сушки растений в разных условиях

Использование сеток. При работе со спанбондом используются металлические оцинкованные сварные сетки. Применять обычные деревянные в полевых условиях хуже, так как они тяжелее и впитывают влагу, из-за чего ухудшаются условия сушки. В помещении, где нет риска намочить сетку, можно сушить в традиционных деревянных сетках с плоскими планками. Они более равномерно оказывают давление на пачку с образцами. Применяя металлические оцинкованные сетки необходимо прокладывать несколько пустых рубашек (2 – 4 плотностью 100 г/м^2, или 1 плотностью 150 г/м^2), чтобы на образцах растений не оставалось отпечатков сетки.

Металлическая сетка гнется в процессе эксплуатации (рис. 26). Для того чтобы давление на образцы было равномерным, следует выправить изогнутую сетку перед затяжкой ремней.

При ярком солнце. Необходимо закладывать сразу после сбора, потому что многие части растений быстро теряют влагу и деформируются. Необходимо как можно быстрее заложить собранное растение в УГП.

После сбора растений на ярком солнце, наступила пасмурная погода, и полил дождь. В таком случае, если предполагаемое ненастье не более 2 – 3 дней, следует поместить УГП под крышу, тент, в палатку. При этом нет необходимости УГП укутывать или укрывать. Нужно всегда оставлять его свободным для доступа воздуха. После окончания дождя УГП выставить на ветер или солнце и просушить в течение часа. В кратковременные дожди следует

Рис. 26. Изгиб сеток УГП.

оберегать высушенные растения от прямого дождя, поместить под зонтик, плащ, в палатку, под крышу. Если все же дождь намочил или совсем залил ранее высушенные растения, не стоит расстраиваться. Следует поместить мокрые УГП на ветер или солнце. Если пачки толстые, следует разложить их не более чем по 10 рубашек в каждой и выставить на солнце или ветер. Они быстро высохнут и растения в них не испортятся.

В тумане. Иногда приходится собирать растения в горах или у реки (озера, моря) в тумане. В этом случае собираемое растение мокрое, на металлической сетке и полимерных рубашках собираются капли влаги. В этом случае необходимо собирать как обычно, не обращая внимания на влагу. Необходимо не укрывать УГП, не укутывать, не прятать от влаги. Необходимо держать его открытым, можно под навесом, крышей. Поместить УГП в такое место, где есть хоть небольшой ток воздуха, ветерок. Если предполагается, что такая погода продлится несколько дней, то в один УГП вкладывайте не более 10 образцов растений. Если более, то в середину пачки из 20 листов вложите термопластину (рис. 27), проложив ее с обеих сторон 2 – 3 пустыми рубашками. После выработки термопластины (обычно они рассчитаны на 6 – 8 часов), ее следует заменить на новую, если туманная погода продолжается.

Рис. 27. Химические термопластины.

Во время дождя. Если вы используете УГП, то можно собирать растения и во время дождя. Не прячьте УГП под плащ, не страшно, если на него попадает дождь. Все растения при этом мокрые, с них стекает вода, на рубашки и сетки падает дождь. В этом случае собирайте как обычно, но закладывайте в один УГП не более 10 образцов. Пока идет дождь, при возможности, следует сливать лишнюю воду, держа УГП за край. Если УГП в грязи, то его следует сверху помыть чистой водой, а потом воду слить. В конце рабочего дня, УГП надо просушить на ветру или под навесом. Можно использовать термопластину. Если нет, можно подождать до следующего дня.

Сбор и закладка растений под водой. Многие погруженные водные растения, при извлечении их из воды, теряют свою форму, их листья на воздухе спадаются. Такие растения лучше закладывать в УГП под водой. Для этого необходимо взять сетку пресса поместить на нее рубашку, прикрепить по краям пластиковыми бельевыми прищепками. Затем погрузить в воду, под водой расправить на рубашке растение, затем плавно поднять из воды придерживая образец рукой, слить воду. Затем на воздухе закрыть рубашку, снять прищепки, написать этикетку, вложить стикер с номером этикетки в рубашку. Переложить рубашку в другой УГП и можно идти за следующим образцом. УГП можно использовать для закладки водных растений непосредственно глубоко под водой с использованием акваланга, однако, обычно лучше собрать образцы растений в сумку, доставить их к берегу, а затем заложить их вышеописанным способом.

При сильном ветре. Закладывать растения при сильном ветре очень сложно. Если есть возможность, лучше найти укрытое от ветра место (за скалой, в понижении, в палатке, в машине) и закладывать там. Если это невозможно, то необходимо применить обычные бельевые пластиковые прищепки. Ими зафиксировать листы спанбонда и заложить, придерживая образец рукой. Хорошо в такую погоду закладывать вдвоем, в «четыре руки».

3.3. Цвет

При сушке в УГП полностью сохраняется цвет собранных образцов растений. Синие (и других окрасок) цветки остаются синими (цветными), а зеленые части растений – зелеными. Далее, для сохранения окраски необходимо предохранять образцы от попадания прямых солнечных лучей, т.е. укрывать полотнами спанбонда черного цвета со светостабилизирующими добавками и этого достаточно. Сушить на открытом солнце в рубашках из спанбонда такие образцы можно, окраска не изменяется. При хранении таких образцов следует так же использовать тот же спанбонд. Никаких дополнительных усилий для сохранения окраски не требуется.

3.4. Сушка сочных растений

УГП хорошо справляется с сушкой традиционно трудных для гербаризации сочных и мясистых растений. В нем можно сушить и сочные плоды, не прибегая к дополнительному обогреву.

Собирать и закладывать в УГП такие образцы следует как обычно, но лучше не более 1 – 2 в пресс. Между заполненными рубашками следует проложить 3 – 4 пустые рубашки для лучшей вентиляции. Сочные части (например, листья, стебли, корневища, плоды) по возможности следует разрезать вдоль и заложить в развернутом виде. Растения с мясистыми органами можно сушить, не разрезая, а делая лишь надрезы на 1/3 толщины. Надрезов не нужно делать слишком много, они необходимы для испарения влаги содержащейся в растениях. При сохранении покровов, такие растения долго сохраняют свежесть, а затем чернеют. Надрезав образцы, их прессуют, проложив сверху и снизу 2 – 4 пустые рубашки, для того, чтобы не оставалось отпечатка сетки на образцах. Кроме того, можно, сделав разрез листа, вложить в него кусочек спанбонда плотностью 100 или 120 и соединив половинки, прессовать. В этикетке необходимо обязательно указать, какие манипуляции были проделаны с образцом.

Многие крупные цветы следует засушивать, прокладывая между каждым из лепестков кусочки спанбонда плотнотью 100. После чего такой цветок с множеством прокладок следует прессовать в УГП, проложив сверху и снизу по несколько пустых рубашек.

Водные растения, сохнут в УГП намного лучше сухопутных. Даже такие как *Nuphar* sp., *Trapa* sp., *Stratiotes* sp. (рис. 28).

Рис. 28. Гербаризация образца *Nuphar lutea* (L.) Sm.

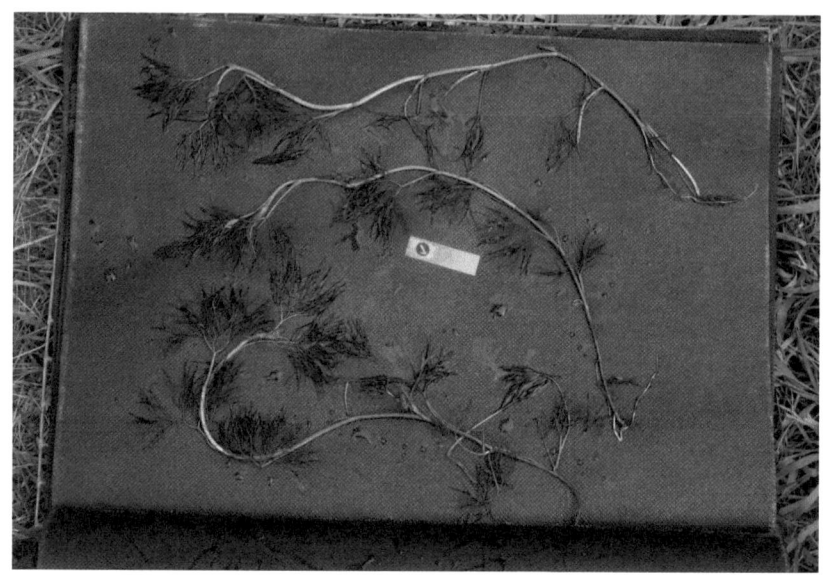

Рис. 29. Гербаризация образца *Batrachium* sp. Растение только что извлечено из воды.

Достаточно их вкладывать не более 5 в один пресс. Они не требуют никакой подготовки. Как вынули из воды мокрые растения, так и следует закладывать (рис. 29). Корневища представителей Nymphaeaceae следует разрезать вдоль. Так же следует поступить и с другими сочными, крупными корневищами околоводных растений. Все внутриводные растения сохнут в УГП лучше и быстрее сухопутных.

3.5. Сушка водорослей

С применением УГП хорошо сушатся харовые и другие макроскопические водоросли. Они не прилипают к спанбонду и высыхают при ярком солнце в течение нескольких часов. После того, как растения извлечены из воды, их следует сразу закладывать в УГП, не дожидаясь пока стечет вода. Харовые водоросли не следует сильно прессовать, так как они легко сминаются и принимают плоскую форму. Так же в один УГП не следует собирать водоросли и сухопутные растения. Лучше всего для сушки водорослей иметь отдельный УГП. Закладывать харовые водоросли можно под водой (см. п. 3.4). Для того чтобы не оставалось отпечатков сетки на образце следует проложить между сеткой и рубашками с образцами 2 – 3 пустых рубашки.

Морские водоросли сохнут так же хорошо. Крупные жесткие водоросли следует извлекать из воды и закладывать как сухопутные сосудистые растения. Можно закладывать и под водой. Возможно собирать и сушить морские водоросли, сворачивая их в трубку (как сушат их у нас в России на Командорских островах), а потом транспортировать в лабораторию. Затем следует размочить скрученные в трубку водоросли в обычной пресной воде и заложить их в УГП обычным способом. После этого водоросли хорошо сохнут (рис. 30 – 32).

Рис. 30. *Agarum* высушенная в УГП на листе спанбонда белого цвета.

Рис. 31. *Laminaria* высушенная в УГП.

Рис. 32. *Alaria* высушенная в УГП.

3.6. Сушка грибов, в том числе лихенизированных (лишайников)

При сборе грибов и лишайников, следует их складывать в емкость хорошо проветриваемую, имеющую жесткие формы (коробку, корзинку и т.п.). Изнутри в такую емкость следует проложить спанбонд черного цвета со светостабилизирующими добавкам плотностью 60 – 100 г/м². Он обеспечивает хорошую проветриваемость и отводит лишнюю влагу. Друг от друга грибы можно проложить кусочками этого же нетканого материала. Или положить каждый гриб в отдельный пакетик, изготовленный из спанбонда. Спанбонд не прилипает к поверхности гриба, образец можно смело класть в пакет, не боясь испортить. При этом в такой упаковке в течение экскурсии (2 – 4 часа) гриб подсыхает и возможно в ней доставить его в лабораторию.

Для высушивания грибов (в том числе фитопатогенных), листоватых и кустистых видов лишайников с приданием им плоской формы подходит грибной УГП (см. главу 2, рис. 16, 17) размером 15 × 23 см. При этом, в один пресс следует помещать не более 5 – 7 образцов. Сушить следует так же, как и сосудистые растения (см. главу 2).

3.7. Сушка мохообразных

Мохообразные следует собирать в пакеты изготовленные из спанбонда черного цвета со светостабилизирующими добавкам плотностью 60 – 100 г/м^2. Это много лучше чем бумага, так как не пропускает ультрафиолетовые лучи и свободно пропускает влагу и воздух. В таком пакете, выставленном на солнце, образец быстро высыхает. Листья сосудистых растений, несущих печеночные мхи, следует сушить в грибном УГП. Возможно создать и коллекцию плоских мохообразных засушивая их как сосудистые растения в УГП формата А4.

4. ПРИСПОСОБЛЕНИЯ ДЛЯ СБОРА ВОДНЫХ РАСТЕНИЙ

4.1. Использование поляризационных фильтров

Широкое распространение поляризационных фильтров, использование их в изготовлении очков для работы на компьютере (против бликов), для рыбалки, для езды на автомобиле и прочее, позволяет использовать их и при осмотре местности, а так же при геоботанических описаниях растительности (рис. 33).

Солнечный свет не имеет поляризации, однако рассеянный свет неба приобретает частичную линейную поляризацию. Поляризация света меняется также при отражении. На этих фактах и основано применение поляризующих фильтров. Поляризация света подробно описана в соответствующей физической литературе, для нас важен лишь эффект создаваемый поляризатором –

устранение бликов (рис. 34). Глаз человека по-разному воспринимает одну и ту же «картинку» при ярком солнце и в пасмурную, дождливую погоду.

Рис. 33. Поляризационные очки.

Погодные условия быстро меняются, а при глазомерном определении проективного покрытия или сквозистости крон возникает ошибка, связанная с условиями освещения. Если же производится описание водного растительного сообщества, то при ярком солнце, возникающие блики на поверхности раздела фаз (вода/воздух), вообще не позволяют определить проективное покрытие.

Все эти проблемы, в том числе и утомляемость глаз, позволяют устранить поляризационные и окрашенные фильтры. Применение поляризационных очков, позволяет привести условия освещения к нормальным: освещение комнаты в середине дня в пасмурную погоду на широте Москвы.

Итак, поляризационные очки - солнцезащитные очки, имеющие специальное покрытие на линзах, благодаря чему происходит пропускание линзами света определенной поляризации. Очки пропускают только отраженный свет объектов. Все линзы поляризационных очков позволяют обеспечить 100% защиту от ультрафиолетового излучения.

Рис. 34. Применение поляризационных очков позволяет устранить блики на поверхности воды.

Поляризационный светофильтр очков, как правило, комбинируется с окрашенным светофильтром. Следует применять следующую окраску: 1. Серую. Универсальная окраска. Подходит при переменной облачности, на открытых водных пространствах. Серый цвет передает почти все оттенки естественного спектра. 2. Медную. Повышает контрастность объектов. Поглощает спектр голубого цвета. Подходит для описания подводных растительных сообществ в солнечную погоду. 3. Коричневую. Подходит при переменной облачности. Пропускает весь световой спектр. Лучше использовать на мелких участках, заливах, где глубина воды не более одного метра. 4. Желтую. Подходит для пасмурных, дождливых дней, сумерек. Лучше использовать в утренние и вечерние часы.

Ботаникам, производящим сбор растительного материала и описания растительности на водоемах, применение поляризационных очков обязательно во всех случаях. Не нужно использовать маску ныряльщика или ведро со стеклянным дном – это дорого и неудобно. Наденьте поляризационные очки и посмотрите в воду.

Наблюдения за растительным покровом в недоступных местах (например, под водой противоположного берега реки) можно производить, используя бинокли со встроенными поляризационными фильтрами. Кратность увеличения такого бинокля не должна быть более 8, а поле зрения возможно больше. Помогает такой бинокль рассматривать окрестности при ярком солнце (а в комбинации с желтым фильтром для пасмурной погоды и тумана), не преодолевая реки, овраги и болота. Это позволяет сократить время необходимое для первичного осмотра местности и выбора мест описания растительности или сбора гербарного материала.

4.2. Проволочный крючок (кошка)

Для сбора растений растущих под водой у берега, удобно использовать проволочный крючок – кошку (рис. 35, 36).

Цифрами на рисунке, обозначены: 1. Ручка-основа для намотки шнура (изготовлена из отрезка пластиковой гофрированной трубки для электропроводки). 2. Шнур – 10 м, диаметром 3 мм. 3. Вертлюжок. 4. Карабин. 5. Кольцо. 6. Нитка, связывающая кольцо и ушко крючка (она рвется при зацепе). Прочность нитки следует подобрать исходя из местных условий. 7. Обратный шнур. 8. Проволочный, металлический крючок диаметром 3 мм.

При использовании кошки среди коряг и камней, она часто цепляется, и нет возможности ее отцепить. Теряется и крючок, и часть веревки. Чтобы этого не происходило, крючок прикрепляется в двух местах, спереди и сзади. В этом случае, при зацепе, крепление сзади (нитка 6) разрывается, и крючок свободно вытаскивается в противоположную зацепу сторону.

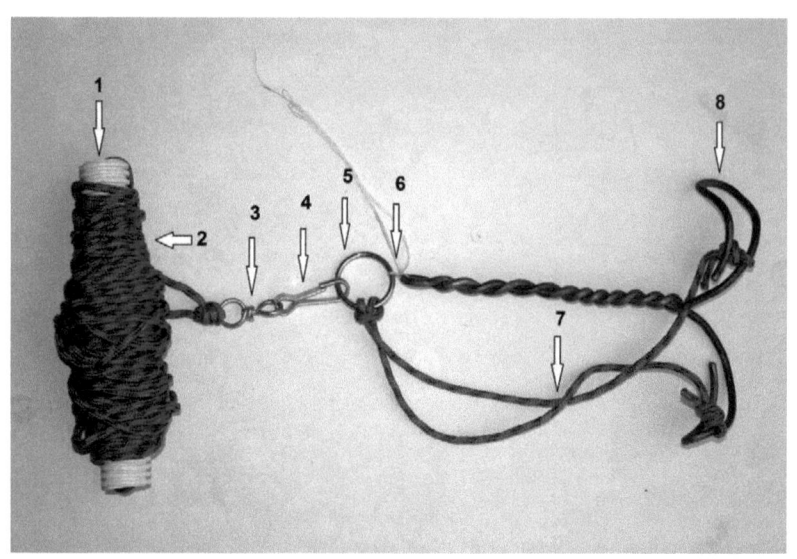

Рис. 35. «Кошка».

Рис. 36. Сбор подводных растений «кошкой».

5. ОТЗЫВЫ

Российская академия наук, Центр по проблемам экологии и продуктивности лесов:

Сотрудники лаборатории «Структурно-функциональной организации экосистем» ЦЭПЛ РАН неоднократно проверили во время экспедиционных исследований дееспособность устройства сушки растений для гербария, изобретённого А.В. Славгородским.

Это устройство отличается удобством в использовании, быстро высушивает растения в условиях повышенной влажности без потери внешнего вида и окраски.

Лаборатория рекомендует широко использовать «Устройство сушки растений для гербария» как в научных учреждениях, связанных с ботанической проблематикой, так и в учебных учреждениях для обучения студентов и организации высококачественных коллекционных сборов.

Москва, 14.01.2009. № 12517-01/1. Заведующий лабораторией, доктор биологических наук, профессор О.В. Смирнова.

Российская академия сельскохозяйственных наук, Всероссийский научно-исследовательский институт лекарственных и ароматических растений:

Сотрудники лаборатории природных ресурсов ВИЛАР Россельхозакадемии проверили «Устройство сушки растений для гербария» в полевых условиях во время экспедиций. Это устройство удобно для гербаризации растений (особенно водных и околоводных), экономит время и материал для сушки при закладывании растений в гербарную папку.

Для работ в области ботанического ресурсоведения, предложенный полимерный материал «Агротекс» был использован нами для щадящей сушки фитосырья лекарственных растений на открытом воздухе: прикрытые материалом

«Агротекс», собранные и порезанные растения не разлетаются от ветра, быстро высыхают, не теряют цвета и качества.

ВИЛАР рекомендует использовать «Устройство сушки растений для гербария» и полимерный материал «Агротекс» для полевых работ по ботаническому ресурсоведению в научно-исследовательских институтах и высших учебных заведениях.

Москва, 29.08.2011. № 323. Зам. директора ВИЛАР, Руководитель центра растениеводства, кандидат биологических наук Н.И. Сидельников.

Universsite Montpellier 2, Institut des Sciences de I'Evolution:

This herbarium press model, deposited under priority № 2007137443 on 09.10.2007 (Patent № 71212 of Russian Federation), proves extremely useful for drying of any sorts of plants especially water plants such Carophytes. The original action process of the model consists of soft, progressive evaporation of water through special materials, named Agrotex, which, to my knowledge, were not used for this purpose before. This new material provides excellent drying as it perfectly prevents from moisture. By its little weight and comfortable size, this sampler is easy to carry and proves perfect for botanical field collection.

Thus I am pleased to attest that the patent is worth being produced in larger numbers and should be proposed for sale at international level.

Montpellier, 05.10.2011. Dr. habil. Soulié-Märsche Ingeborg, senior researcher at Centre National de la Recherche Scientifique in France.

SUMMARY

The new technology of drying and storage of herbarium specimens. It consists in the use of non-woven polymer (manufactured by technology "spunbond") to create an air gap, both between samples of plants and net media. Press contracted with synthetic belts with force bongs. Store in nonwoven polymeric materials of construction for the substrate for samples of species and genera shirts, folders for storing packets.

These materials are ideal for drying and storage of plant specimens. In 2007 I proposed a new method of drying plants for the herbarium. He is the creation of around a herbarium specimen in the press, with the help of non-woven polymer materials, a thin air gap. Thanks to the free access of air sample of the plant dries quickly, getting a flat shape. The method is extremely simple and requires no special training or sophisticated equipment.

The plants were dried in a herbarium press, instead of using conventional newspapers shirts nonwoven polymeric materials in black density of 60 g/m^2 to 150 g/m^2. Moisture-absorbing pads are not needed! No need to shift a shirt! The plant is once laid in a herbarium press a shirt from a nonwoven polymeric material, synthetic straps contracts with power drags on and is exposed to bright sun, where it remains until dry. If there is no sun, and can be dried in the shade. In a herbarium press can lay up to 50 shirts with the samples. Black shirt in the sun heat up, which accelerates the drying of samples. Aquatic plants dry faster ground, so it is easier to give moisture. Delicate parts of plants do not stick to non-woven polymer material. Upon completion of drying preserved the natural color of the plants. Compared with the conventional, the proposed method can significantly reduce labor costs with better quality of samples of plants.

In 2009 – 2011 years of drying device for a herbarium of plants has been tested during the field work in Central Russia, on the northern Urals, North Africa and France. Were dried marine macro algae and lake, land and water spore and flowering plants. Throughout the unit has proved itself with the best hand.

41

ЛИТЕРАТУРА

Гербарное дело: Справочное руководство. Русское издание / Под ред. Д. Бридсон, Л. Формана. Кью: Королевский ботанический сад, 1995. 341 с. + xvi.

Лисицына Л.И. Особенности гербаризации водных растений, работа с коллекциями // Материалы VI Всероссийской школы-конференции по водным макрофитам « Гидроботаника 2005» (пос. Борок, 11 – 16 октября 2005 г.). Рыбинск: ОАО «Рыбинский Дом печати», 2006. С. 27 – 33.

Павлов В.Н., Барсукова А.В. Гербарий. Руководство по сбору, обработке и хранению коллекций растений. М.: Изд. – во МГУ, 1976. 32 с.

Рынок спанбонда в России в 2006 – 2010 гг. Отчёт. М.: Академия Конъюнктуры Промышленных рынков. 2006. 101 с.

Скворцов А.К. Гербарий. Пособие по методике и технике. М., 1977. 199 с.

Славгородский А.В. Новый способ сушки растений для гербария // Биология внутренних вод: Материалы докладов XIII Международной молодёжной школы-конференции (Борок, 23 – 26 октября 2007 г.). Рыбинск: ОАО «Рыбинский Дом печати», 2007. С. 205 – 211.

Славгородский А.В. Новое устройство для изготовления плоских образцов растений (гербарий) // Труды Международного Форума по проблемам науки, техники и образования. Том. 3. (г. Москва, 2 – 5 декабря 2008 г.) / М.: Академия наук о Земле, 2008. С. 117 – 118.

Славгородский А.В. Использование нетканых полимерных материалов в гербарном деле // Мат. I (VII) Международной конф. по водным макрофитам «Гидроботаника 2010» (пос. Борок, 9 – 13 октября 2010 г.). Ярославль: «Принт Хаус», 2010. С. 279 – 280.

Славгородский А.В. Гербарий без бумаги (технология сушки и хранения гербарных образцов с использованием нетканых полимерных материалов) // Бот. журн. 2013. Т. 98, № 3. С. 106 – 110.

Щербаков А.В., Майоров С.Р. Инвентаризация флоры и основы гербарного дела: Методические рекомендации. М.: KMK Scientific Press, 2006. 50 с.

i want morebooks!

Покупайте Ваши книги быстро и без посредников он-лайн - в одном из самых быстрорастущих книжных он-лайн магазинов! Мы используем экологически безопасную технологию "Печать-на-Заказ".

Покупайте Ваши книги на
www.ljubljuknigi.ru

Buy your books fast and straightforward online - at one of the world's fastest growing online book stores! Environmentally sound due to Print-on-Demand technologies.

Buy your books online at
www.get-morebooks.com

OmniScriptum Marketing DEU GmbH
Heinrich-Böcking-Str. 6-8
D - 66121 Saarbrücken
Telefax: +49 681 93 81 567-9

info@omniscriptum.de
www.omniscriptum.de

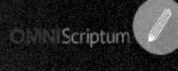

MIX
Papier aus verantwortungsvollen Quellen
Paper from responsible sources
FSC® C105338
FSC
www.fsc.org

Printed by Books on Demand GmbH, Norderstedt / Germany